vail très délicat. Dans certaines parties de cette contrée souterraine, on entend mugir des torrents, dont les eaux tombent en cataractes d'une hauteur considérable, et serpentent ensuite avec tranquillité. Ailleurs, on voit, à la clarté des flambeaux, s'étendre au loin des lacs d'une eau noire et pesante. Des divers points du rivage s'avancent les étrangers que la curiosité amène en ces sombres lieux. Les tuniques blanches dont on les a revêtus, la lumière incertaine et fumeuse de leurs torches, qui se réfléchit sur les eaux dormantes du lac, la barque qui vient les chercher, le batelier qui la dirige, et fait entendre en ramant un chant lugubre, tout contribue à produire une illusion mythologique: on croirait voir les ombres des morts, errantes sur les bords du Styx, et l'infernal nocher qui les transporte dans l'empire de Pluton. Des escaliers de Sel conduisent à des étages inférieurs, et l'on arrive dans d'immenses salles dont la voûte, appuyée sur des colonnes de Sel, soutient elle-même le lac que l'on vient de traverser.

La quantité de Sel que l'on a tiré de ces mines, depuis leur découverte, s'élève, d'après les archives, à plus de 600 millions de quintaux. La première couche de Sel pur est à 300 mètres environ au-dessous de la surface du sol.

Quand le Sel gemme est pur, son exploitation est fort simple : on le détache par blocs que l'on pulvérise et que l'on verse immédiatement dans le commerce. Mais souvent il est impur, et presque toujours coloré en bleu ou en vert par des Oxydes de Fer ou de Manganèse : alors il faut le dissoudre dans l'Eau, et le purifier par cristallisation. La dissolution se fait ordinairement dans la mine elle-même. On perce, à partir du sol, et jusqu'au milieu de l'amas de Sel, un trou de sonde de 15 centimètres de diamètre ; on suspend dans ce trou des tuyaux de cuivre placés bout à bout ; l'extrêmité inférieure du tuyau est fermée, mais elle est percée latéralement, à partir du bas, sur une longueur de 2 à 3 mètres, de petits trous par lesquels l'eau peut s'introduire du dehors.

On verse alors de l'Eau douce entre la surface extérieure des tuyaux et les parois du trou de sonde. Cette Eau descend jusque dans l'amas de Sel gemme ; elle dissout le Sel, et l'Eau salée, plus dense, gagne le fond du trou de sonde où se trouve l'extrêmité inférieure de la colonne de tuyaux, percée de trous. Cette colonne se remplit donc

HÈQUE L. CURMER.

NEMENT UNIVERSEL

LEÇONS ÉLEMENTAIRES
DE

SCIENCES NATURELLES

APPLIQUÉES A

L'HYGIÈNE,

PAR

M. Emm. LE MAOUT,
Docteur en Médecine,

Cours autorisé par M. le MINISTRE DE L'INSTRUCTION PUBLIQUE

10 centimes.

PARIS.
L. CURMER,
Rue de Richelieu, 47, AU PREMIER.

1850

(11me leçon.)

ASSOCIATION

POUR L'ÉDUCATION POPULAIRE.

L'Association pour l'éducation populaire a pour but de contribuer au développement de l'éducation et de l'instruction du peuple. Elle se propose, pour y arriver, d'employer les moyens suivants :

Provoquer la composition ou la traduction de traités élémentaires des sciences les plus utiles, de manuels technologiques, de récits moraux et instructifs, de traités des devoirs et des droits des citoyens ;

Appeler des dons et des souscriptions, et en employer le montant à la distribution gratuite de livres spéciaux dans les ateliers, dans les établissements agricoles, les écoles régimentaires, aux convalescents des hôpitaux civils et militaires, aux détenus, et aussi dans les écoles primaires et les ouvroirs ;

Publier des programmes d'ouvrages destinés à réaliser ses vues, et décerner des prix aux auteurs qui auront le mieux rempli les conditions de ces programmes ;

Encourager la formation de bibliothèques communales ;

Lutter contre le colportage des mauvais livres et y substituer la distribution des livres adoptés par l'Association, en donnant des primes aux colporteurs ;

Établir des correspondances avec les maires des communes, les ministres de tous les cultes, les instituteurs primaires, les associations religieuses et charitables ;

Provoquer l'établissement de comités dans les départements et la formation de sociétés de dames, qui distribueront les livres dont l'Association aura la disposition.

L'Association appelle le concours de collaborateurs dont les mille premiers recevront le titre d'*associés fondateurs*. Une cotisation mensuelle de QUATRE FRANCS sera payée par eux, et leur donnera droit à la remise gratuite de *quarante petits volumes du prix de dix centimes*, qu'ils distribueront selon leur volonté.

L'Association admet en outre tous les dons et souscriptions qui lui sont adressés, et dont l'emploi a lieu en distributions gratuites des ouvrages approuvés par elle.

Les adhésions et souscriptions doivent être envoyées *franco* à l'AGENT GÉNÉRAL DE L'ASSOCIATION, rue Richelieu, 47 (ancien 49).

Paris. — Imprimerie de RIGNOUX, rue Monsieur-le-Prince, 29 *bis*.

d'Eau salée, mais celle-ci ne s'élève pas jusqu'au sol; elle fait équilibre à la colonne d'Eau douce, et comme sa densité est beaucoup plus grande, elle occupe un niveau inférieur à celui de l'Eau douce; il faut donc, pour l'amener au jour, l'élever au moyen d'un piston placé dans les tuyaux de cuivre.

Les sources salées se rencontrent dans les localités où la terre renferme dans son sein des amas considérables de Sel gemme. Ces Eaux sont loin d'être saturées de Sel, parce qu'avant d'arriver au jour, elles ont eu à traverser des couches de terrain où elles se sont mêlées à de l'Eau douce. Comme il serait trop dispendieux de les évaporer immédiatement par le feu, on leur fait subir une concentration préliminaire par évaporation à l'Air. Pour cela, on les élève au moyen de pompes à la partie supérieure de hangars ouverts, nommés *bâtiments de graduation*; de là on les fait couler lentement sur des fagots d'épines remplissant l'intervalle des charpentes du hangar; ces Eaux descendent ainsi lentement et se répandent en couches minces sur les branchages; il s'en évapore une grande quantité, si l'Air est sec et le vent convenable. Les Eaux, après avoir parcouru ce mur de fagots, se réunissent dans un grand bassin glaisé qui forme le sol du bâtiment; alors elles sont remontées par d'autres pompes au sommet d'un second hangar semblable au premier, elles subissent ainsi une nouvelle évaporation, une *seconde graduation*. Après cinq ou six voyages, elles sont assez concentrées pour être évaporées sur le feu.

Les *Eaux de la mer* diffèrent des Eaux des fontaines salées par leurs propriétés physiques; cette différence est due aux matières qu'elles tiennent en dissolution; elles ont une saveur salée, un peu amère et nauséabonde. Le Chlorure de Sodium constitue la plus grande partie des Sels dissous dans la mer, mais sa proportion ne s'élève jamais à plus de 3 pour 100. Voici en moyenne la composition de l'Eau de mer :

Eau	96,470
Chlorure de Sodium	2,700
Chlorure de Potassium	0,070
Chlorure de Magnésium	0,360
Sulfate de Magnésie	0,230
Sulfate de Chaux	0,140
Carbonate de Chaux	0,003
Bromure de Magnésium	0,002
Perte	0,025
	100,000

La salure des mers varie peu, elle n'est pas plus grande à l'équateur qu'aux pôles, comme on l'avait prétendu; mais l'on vient de constater que la densité et le degré de salure sont plus considérables dans les profondeurs qu'à la surface de la mer.

Passons à l'extraction du Sel commun des Eaux de la mer. Cette extraction a lieu surtout par l'évaporation spontanée, à l'Air libre, de l'Eau, dans des bassins peu profonds et très étendus. Ces bassins, nommés *marais salants*, sont établis près de la mer ou d'un lac salé; on les place au niveau le plus bas possible, inférieur même à celui de la mer, afin que l'Eau y arrive par l'effet des pentes ou des marées. Le marais salant est divisé en une série de compartiments que l'eau parcourt avec lenteur. Quand elle a séjourné successivement sur ces nombreuses surfaces d'évaporation, et qu'elle est arrivée au terme de la course, elle a abandonné la plus grande partie du Sel qu'elle renfermait en dissolution. Lorsqu'elle commence à se *saliner*, le Sel cristallise à la surface de l'Eau, et forme une croûte, que l'on ramasse avec un rateau; on entasse le Sel ainsi recueilli, on le met à couvert, il s'égoutte pendant plusieurs mois, se dépouille des Chlorures déliquescents, et se dessèche: on le livre alors au commerce.

Un autre procédé, tout opposé au premier, consiste à soumettre l'Eau de la mer à une basse température; une partie de l'Eau se sépare à l'état de glace, et l'Eau, très salée, qui reste, est assez concentrée pour qu'on puisse l'évaporer avantageusement par le feu. Ce mode d'extraction n'est employé que dans les contrées où le froid est intense, sur les bords de la mer Blanche.

Enfin, sur les côtes de la Manche, dans certaines localités de la Normandie et de la Bretagne, on récolte le sable salé des bords de la mer, et on le lessive dans des caisses avec de l'Eau de mer, ce qui donne une liqueur très concentrée, qu'on évapore ensuite à siccité dans de petits bassins de plomb. La masse saline obtenue est mise dans des paniers qu'on tient suspendus au-dessus des bassins pendant toute la durée d'une concentration subséquente. Le Sel, humecté par la vapeur aqueuse, se débarrasse des Chlorures déliquescents. On le renferme ensuite en magasin pendant plusieurs mois; il y perd encore un quart de son poids, et alors on le livre au commerce; il est alors très blanc, très divisé, et comme neigeux.

Les eaux-mères qui ont donné le Sel dans les marais salants, contiennent beaucoup de sulfate de magnésie. Un habile chimiste, M. Balard, vient de trouver un moyen de les utiliser, en changeant le Sulfate de Magnésie en Sulfate de Soude. Cette découverte est fondée sur la réaction produite par le froid entre le Chlorure de Sodium et le Sulfate de Magnésie: à quelques degrés au-dessous de zéro, ces deux sels se décomposent réciproquement : il se forme du Chlorure de Magnésium déliquescent et du Sulfate de Soude qui cristallise. Il suffit d'ajouter à ces eaux-mères un excès de Sel marin, et de les abandonner en couches minces au froid des nuits d'hiver : il se dépose une grande quantité de Sulfate de Soude pur, qu'on transforme ensuite en Carbonate par le procédé que je vous ai indiqué au commencement de la leçon.

Le Sel commun est produit à si peu de frais dans les marais salants, que 100 kilogrammes ne coûtent que 25 centimes. Mais, sur cette quantité de 100 kilogrammes, pesait, avant la Révolution, un impôt de 30 fr., qui rendait son prix 120 fois plus considérable.

Le *Sel gris* du commerce doit sa couleur à des matières terreuses provenant des parois des bassins ; en outre, il retient toujours un peu de Sulfate de Magnésie et de Chlorure de Magnésium, qui lui donnent la propriété de s'humecter au contact de l'Air. Le *Sel blanc* du commerce est le Sel gris, qu'on a fait dissoudre dans l'Eau, et dont la solution, filtrée et concentrée, dépose un Sel, qu'on ramasse avec des écumoires.

Beaucoup de gens croient que le Sel gris sale mieux que le Sel blanc; cette erreur vient de ce que le Sel gris, contenant des Sels de magnésie, de saveur amère, cause sur la langue une sensation plus intense; mais l'expérience a démontré qu'à poids égal, le Sel gris, bien sec, possède une saveur moins salée que le Sel blanc, ce qui est facile à comprendre, puisque le Sel gris, outre la Magnésie, contient des matières terreuses insipides.

Ce préjugé est analogue à celui des personnes qui affirment que la *cassonnade* sucre mieux que le sucre raffiné. Il est bien vrai qu'une pincée de cassonnade produit dans la bouche une sensation plus prolongée que celle qui proviendrait d'un volume égal de sucre raffiné ; mais cette différence tient à une matière muqueuse accompagnant la Cassonnade et résistant plus longtemps que le sucre pur à l'action dissolvante de la salive.

Caractères distinctifs des Sels de Potasse et de Soude. — Les Sels alcalins se distinguent de tous les autres Sels métalliques, en ce qu'ils ne donnent pas de précipité avec la dissolution d'un Carbonate de Soude ou de Potasse ou d'Ammoniaque. —

Ils se distinguent les uns des autres par des caractères physiques et chimiques, faciles à constater.

Les Sels de Potasse se reconnaissent, 1° par la propriété de former avec le Sulfate d'Alumine, un sel double, l'Alun, dont je vous ai parlé dans la 6e leçon; 2° par la propriété de former avec l'Acide chlorique le plus oxygéné (*Acide perchlorique*), un précipité blanc de Chlorate de Potasse; 3° par la propriété de former avec le Chlorure de Platine, un précipité jaune serin de Chlorure double de Potassium et de Platine, lequel se dépose plus complétement si la liqueur est étendue, et si on y ajoute un peu d'alcool.

Les Sels de Soude se reconnaissent par la propriété qu'ils ont d'être, pour la plupart, efflorescents à l'air; ils ne donnent pas de précipité avec l'Acide perchlorique, et le Chlorure double qu'ils forment avec le Chlorure de Platine est très soluble dans l'eau.

LITHIUM. — Ce métal n'a été obtenu, jusqu'ici, qu'en très petite quantité, par la décomposition de l'Oxyde de Lithium au moyen de la pile. Le Lithium présente une grande analogie avec le Potassium et le Sodium, il décompose l'eau à la température ordinaire.

Lithine. — Cet Oxyde existe dans quelques minéraux, et notamment dans le *Lépidolithe* et le *Pétalite*, espèce dont je vous parlerai quand nous ferons l'histoire des Silicates. On l'extrait ordinairement du Lépidolithe, qui est une variété de Mica, renfermant de la Potasse et de la Soude; ce minéral, mêlé avec de la chaux vive et calciné, est soumis ensuite à l'action de l'Acide chlorhydrique qui forme des Chlorures de Potassium, de Sodium et de Lithium; ce mélange évaporé à sec, calciné et réduit en poudre fine, est traité par l'Alcool qui ne dissout que le Chlorure de Lithium.

Le Chlorure de Lithium, chauffé avec de l'Acide sulfurique, donne du Sulfate de Lithine; ce Sulfate est décomposé par l'Acétate de Baryte; il se précipite du Sulfate de Baryte, et il reste en dissolution de l'Acétate de Lithine, lequel, calciné, donne du Carbonate de Lithine; la Lithine s'obtient en décomposant le carbonate de Lithine par l'Hydrate de chaux.

La Lithine et les Sels de Lithine sont sans usages; je ne vous en ai parlé que pour compléter l'histoire des métaux alcalins.

FIN DE LA PREMIÈRE PARTIE.

LEÇONS ÉLÉMENTAIRES

DE

SCIENCES NATURELLES

APPLIQUÉES A L'HYGIÈNE

NOTIONS

DE CHIMIE ET DE MINÉRALOGIE

1re PARTIE

Corps simples non métalliques, Métaux terreux et alcalins.

TABLE

ALPHABÉTIQUE ET RAISONNÉE

DES MATIÈRES.

A

B.

D.

E.

I.

J.

L.

M.

N.

O.

Q.

R.

T.

V.

Z.

ERRATUM DE LA 6e LEÇON.

Page 10, ligne 13, *au liéu de* Hydro-phosphoreux, *lisez* Hypophosphoreux.

Imprimerie de Maulde et Renou, r. Bailleul, 9-11, 6061

OUVRAGES ADOPTÉS

PAR

L'ASSOCIATION POUR L'ÉDUCATION POPULAIRE.

18. — **Histoire de Marcillot**, par M. Clément D'ELBHE. 10 c.

19. — **Philippe le Batelier**, par le même. 10

2. — **Première lettre à mon ami Jacques. — Des Riches**, par M. Maurice BLOCK. 10

20-21. — **Deuxième lettre à mon ami Jacques. — De l'Impôt**, par le même. 20

22-23. — **Troisième lettre à mon ami Jacques. — Le Budget**, par le même. 20

3-4. — **Manuel du Juré**; par M. BAROCHE, représentant du Peuple. 20

14-15. 16-17. } **Instruction civique des Français**, par M. AMYOT, avocat à la cour d'appel de Paris. 40

24-25. — **Principes de Dessin linéaire et de Géométrie pratique**; par M. JACQUE, directeur de l'école élémentaire de Châlon-sur-Saône. 20

26-27-28. - **Éléments d'histoire universelle**; par M. A. MACÉ, professeur d'histoire à la Faculté des lettres de Grenoble. 30

29-30. — **Devoir et Bonheur**; par M. RUCK, inspecteur de l'instruction primaire. 20

31-32. — **Bienfaits de l'épargne**, par Madame RUCK. 20

33-34 — **Histoire d'une rose**, écrite par elle-même ; par M. Clém. d'Elbhe. 20 c.

35-36 — **Manuel des devoirs de la vie**, à l'usage de la jeunesse.......... 20

37-38 — **Jeanne Darc**, par M. Frédéric Lock.......................... 20

39-40 — **Les petits auxiliaires du cultivateur**, par M. de Frarière... 20

100 à 110 — **Cours élémentaire d'agriculture pratique**, par M. Laureau, ancien maire de la ville d'Autun. 1 f. »

41-42 — **La France**, par M. J.-Charles Hérard.......................... 20

Leçons de sciences naturelles appliquées à l'hygiène, par M. le docteur Emm. Le Maout.

50 — **Première leçon :** composition de l'air, utilité de l'air, combustion, respiration des animaux et des végétaux.......................... 10

51 — **Deuxième leçon :** nomenclature chimique, composition de l'eau, charbon, acide carbonique.......... 10

52 — **Troisième leçon :** corps simples non métalliques, ammoniaque, acides sulfurique, azotique et chlorhydrique.......................... 10

53 — **Quatrième leçon :** hydrogène carbonné, éclairage au gaz.......... 10

54 — **Cinquième leçon :** feu grisou, lampes de sûreté................ 10

55 — **Sixième leçon :** hydrogène sulfuré, hydrogène phosphoré, silice, alumine.......................... 10

56-57 — **Septième et huitième leçons :** Métaux terreux et alcalino-terreux, glucine, magnésie, chaux, strontiane, baryte.............. 20

www.ingramcontent.com/pod-product-compliance
Ingram Content Group UK Ltd.
Pitfield, Milton Keynes, MK11 3LW, UK
UKHW021205230726
13926UKWH00001B/332

9 782014 441451